山东航空产业协会推荐

青少年航空教育系列图书·兴趣篇

飞翔奥秘
——航空百科问答

主编　贾玉红　邢琳琳
副主编　马文来　钱姝贝

U0245634

北京航空航天大学出版社
BEIHANG UNIVERSITY PRESS

内容简介

解决"为什么"是青少年成长过程中提高自身能力的重要途径。本书筛选出航空活动中青少年最感兴趣的数十个问题，通过故事和对相关人物、事件的讲述，用通俗易懂的语言，从专业的角度解释其中蕴含的专业知识和科学原理。本书图文并茂，可读性强，符合青少年阅读兴趣和习惯，帮助他们解决航空领域中最想知道的"为什么"的问题。

NEIRONG JIANJIE

图书在版编目（CIP）数据

飞翔奥秘：航空百科问答 / 贾玉红，邢琳琳主编
. -- 北京：北京航空航天大学出版社，2014.7
（青少年航空教育系列图书）
ISBN 978-7-5124-1440-2

Ⅰ.①飞… Ⅱ.①贾… ②邢… Ⅲ.①航空—青少年读物 Ⅳ.① V2-49

中国版本图书馆 CIP 数据核字 (2014) 第 128840 号

飞翔奥秘——航空百科问答

主编　贾玉红　邢琳琳
副主编　马文来　钱姝贝
责任编辑　蔡　喆　张　希

北京航空航天大学出版社出版发行
北京市海淀区学院路 37 号（邮编 100191）　http://www.buaapress.com.cn
发行部电话：（010）82317024　传真：（010）82328026
读者信箱：goodtextbook@126.com　邮购电话：（010）82316524
北京艺堂印刷有限公司印装　各地书店经销
开本：787×1092 1/16　印张：6　字数：86 千字
2014 年 7 月第 1 版　2016 年 4 月第 3 次印刷　印数：6001 ~ 9000 册
ISBN 978-7-5124-1440-2　定价：29.00 元

序 XU

　　对青少年开展航空基础知识普及教育，是利国、利军、利民的一项战略性事业，对于激发广大青少年航空报国热情、培养航空后备力量、传播航空文化具有重要而深远的意义。山东航空产业协会自 2011 年成立以来，在中国空军和国家、省教育部门的大力支持下，把青少年航空业余教育工作当作重要工作来抓，2012 年，及时启动了中国青少年航空教育工作，选定了 4 处中学进行教育试点；建成了中国国际青少年航空教育基地——大高国际航空学校。2013 年，成功举行了中国青少年航空教育成果展现场会，同年，山东航空产业协会代表中国在土耳其顺利加入了国际青少年航空教育协会（IACEA）。山东航空产业协会组织开展的一系列活动，有力地推动和促进了中国青少年航空教育工作的开展，显示了开局良好、发展迅速、前景广阔的态势。为学习国际先进经验，及早构建起全国范围的青少年航空业余教育体系，根据多方意见和实际需要，我们组织一批专家、教师编写了这套《中国青少年航空教育系列图书》。

　　为做好这套图书的编写，山东航空产业协会于 2013 年 7 月，在山东烟台召开了中国青少年航空教育图书编写第一次会议；确定了"军民融合、中外融合、三教（义务教育、职业教育、大学教育）融合；普及提高结合、培训就业结合、各类教育资源结合"的指导思想。提出了"遵循科学编纂的方式方法，坚持先易后难、先略后详、先粗后细"的基本原则，强化了"教材安全性、趣味性、实用性"的基本特点，为编写工作理清了思路。其后，多次召开联系调度会议，为编写工作的进行给予了及时地指导和鼓励。

　　编写这套系列图书，以"小学、初中、高中"三个学段的学生为使用对象，编写形式上将课外读物和兴趣课堂教材相结合，以普及青少年航空知识、激发青少年航空报国热情、为中国航空事业持续发展培养高素质人才为学习目的，在内容和形式上积极创新，适当减少文字数量，增加图片幅数，并在增强知识的科学性、趣味性和实用性上下了较大功夫，以期提高可读性，尽量贴合青少年的阅读习惯和喜好。

　　《中国青少年航空系列图书》分为六册：小学第一册启蒙篇：《真实童话——航空故事集锦》；小学第二册入门篇：《炫酷机器——航空器知识入门》；初中第一册兴趣篇：《飞翔奥秘——航空百科问答》；初中第二册爱好篇：《放飞梦想——航模制作初步》；高中第一册起航篇：《探索蓝天——航空技术基础》；高中第二册放飞篇：《驾驭神鹰——飞行技术基础》。启蒙篇主要采用讲故事、问题启发等方式进行编写，重在体现读物的趣味性；入门篇主要进行航空器基本知识的讲解，注重专业知识的浅显易懂。兴趣篇通过相关故事和事件入手，对相关专业知识进行介绍；爱好篇通过航空模型的原理介绍、制作和操作，主要培养学生的航空感知能力。起航篇通过航空基本概念、发展历程、飞行原理、基本构造及航空器各大系统的讲解，进行较为系统的专业知识介绍；放飞篇先是对航空气象、空中交通管制、航空生理心理及部分型号飞机知识的讲解，后是模拟飞行和实际飞行的训练及陆空通话场景的体验。

　　这套系列图书的编写，由山东航空产业协会组织北京航空航天大学、空军哈尔滨飞行学院、滨州学院飞行学院及部分中小学的专家、教师、学生共同参与创作。编写前，我们深入学生之中进行了大量的问卷调查，编写中，广泛搜集信息，认真遴选素材，精心构思文本，在较短的时间之内，完成了这套图书的编写工作。

　　本书作为中国青少年航空业余教育的第一套试用图书，在编写过程中，得到了中国空军首长及山东航空产业协会领导的大力支持和关怀，北京航空航天大学出版社刘德生社长为本图书的编写给予了热心的指导与鼓励，在此，一并向他们表示由衷地感谢。初次组织编写此类图书，缺乏经验，加之水平有限，时间仓促，书中难免有不当之处，敬请读者在使用过程及时提出意见，以利再版时予以改进。

青少年航空教育系列图书编委会

2014 年 5 月

问，问，问

　　如果你是一个小小航空迷，那么你一定了解了不少航空器和航空飞行的知识吧！试试看，这本书里面提出的问题，你都能回答出来吗？

　　说起飞机你会想到什么呢？你会觉得它像一个"钢筋铁骨"的大鸟吗？你想过这么沉的大铁鸟是怎样飞起来的吗？你知道"钢筋铁骨"的大鸟为什么会怕"血肉之躯"的小鸟吗？飞机为什么不能像一个真正的"男子汉"那样勇敢地面对雷雨风暴？飞机飞行时，乘客为什么必须关闭手机呢？万一飞机面临危险，是不是给每人配一个降落伞从飞机上跳下来呢？飞机上还有哪些我们不知道的事情呢？想到飞机，你的脑子里一定会跳出好多问题。让我们一起问，问，问，再带着这些问题打开这本书，一起去寻找答案吧！

　　没有问题就没有答案，没有挑战就没有胜利，没有思考就没有创新。亲爱的小读者，请你们尽情提出问题，并通过请教老师、查阅图书、搜索网络去寻找正确答案，相信这个过程会很有趣，也会使你们越来越像一位真正的科学家，毕竟未来属于你们，未来的天空也属于你们！

编　者

2014 年 5 月于北京航空航天大学

目录
MULU

1. 如何成为一名民航飞行员?

　　小时候，我们常常仰望着天空中的飞机，憧憬着自己有一天也可以驾驶着飞机，翱翔在天空之中。然而成为一名飞行员可不像成为一名汽车驾驶员那样简单，它有好多好多的条件呢！那么，怎样才能成为一名合格的飞行员呢?

　　成为一名飞行员有几种不同的途径。比如说，通过高考考取航空类的院校，进行飞行技术学习。如果你已经是大学生了，也还有机会，每年航空公司从全国所有大学招收在校的二三年级学生，再转到航空院校学习飞行。除此之外，还可以自费去一些航校学习飞行。只有成为一名合格的飞行员，才能进入航空公司从事飞行工作。

要成为一名合格的飞行员，身体条件、心理品质条件、政治条件、文化条件的要求都很高。中国民用航空总局发布的《民用航空招收飞行学生体格检查鉴定规范》中要求身高不应低于 1.65 米；体质指数（BMI）在 18.5~24 之间（BMI 等于体重（千克）除以身高（米）的平方）；任何一眼裸眼远视力应达到 0.7 或以上，双眼远视力应达到 1.0 或以上。另外，还有如下的具体要求：如未做过激光矫正手术或 OK 镜矫正，无色盲、色弱、斜视，无纹身、刺字，无一些限定的病史或体征；对飞行有较强的兴趣和愿望，性格开朗，意志力坚强，情绪稳定，理解、记忆等智力水平较高，反应灵活，四肢协调；思想进步，历史清白，道德品质好，遵纪守法；德、智、体全面发展，学习成绩良好，外语（限英语和俄语）基础扎实等等，以上要求对男性和女性飞行员均适用。

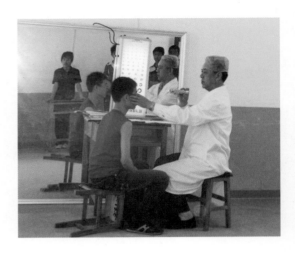

如果以上条件都符合，你就有机会进入航空院校学习。飞行学员的体能训练，用"残酷"来形容是再贴切不过了。相比于苛刻的选拔，成为飞

小问题：
你知道从飞行学员到合格的飞行员需要学习多长时间吗？

小问题：
你知道全国培养飞行员的航空院校有哪些吗？

行学员后体能训练的严苛程度更加超乎想象。中长跑、单双杠、旋梯滚轮等器械练习都是必不可少的训练项目。飞行学员体能训练还有一个特色项目——活动滚轮和活动旋梯。这两项训练可以模拟飞行加速度，锻炼学员的抗眩晕能力，提高学员的操纵能力，极富挑战性。

　　基础理论学习对于成为一名合格的飞行员也是非常重要的。除了学习高等数学、计算机、外语等基础课程，还要学习飞行原理、导航、气象、陆空通话等飞行专业课程。飞行学员们通过勤奋的学习，不仅要掌握所需的专业知识，还要提高逻辑思维能力、心理调节能力等综合素质。

　　接下来就是实践飞行了，飞行学员开始接触真正的飞机，由飞行教员带着学员学习飞行驾驶技术，完成各项飞行前对飞机的检查，学习在飞行区域的航线飞行，对地面障碍物的规避飞行，不同情况下的起飞着陆，紧急情况处理等。无论是理论课程学习还是实践飞行学习，达不到规定要求的学员，都会被毫不留情地从飞行学员队伍中淘汰。经历层层严格的考核，全部合格以后，学员才能获得飞行驾驶执照，成为一名真正的飞行员。

成为一名飞行员之前，要接受各种严格的考察，要不辞辛苦地学习文化知识，要积累足够的经验，这必定是一段无比艰辛的历程。如果你有一个属于蓝天的飞行

梦想，那就努力学习文化知识，积极锻炼身体，并保护好你的眼睛，从现在开始为你的理想努力奋斗吧！

小问题：

你知道在飞行员肩章上面的黄杠杠代表什么意思吗？

2. 地球各地的时间和日期都不相同吗?

相信每个同学家里都有形形色色、大大小小的钟表,有的是机械的,有的是电子的。钟表最基本的功能就是显示时间,当然了,还有一些会显示日期或者具有其他功能。细心的朋友会发现,在宾馆、车站、机场的大厅会挂着一排表,每个表的时间都不相同,工作人员给它们标注上不同地方的名字,如"北京时间"、"伦敦时间"等等。你是否想过这样的问题——地球上各个地方的时间都不相同吗?这些不同的时间和日期是怎么来的呢?

首先，我们来看一下日期和时间是怎样产生的。长久以来，时间被认为是一个绝对的永恒的流逝过程。随着科技的发展，人们逐渐认识到时间不是绝对的，而是和地球的运动相关联的，地球在运动，时间也在改变。为了方便各地人们生活和工作的便利，人们将连续两个正午12时之间等分成24个小时，所形成的时间系统，称为地方时。

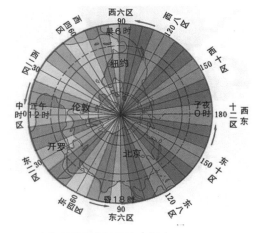

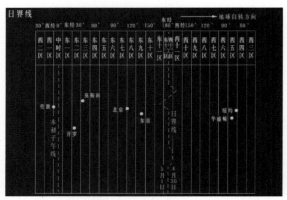

因为地球是个球体，不同地区的正午并不在同一个时刻，也就是说不同地方的同一个时间是有先后的，而且人们发现这与每个地区的经度有关系。为了给不同经度的人们有一个通用的易于换算的时间，1884年，制定了国际区时制。把全球分为24个时区，每个时区跨经度15度，时间相差1小时。区时制使全世界各地区的时间统一为24小时的标准时间，每两个相邻时区的区时之差正好是1小时，使用起来十分方便。

小问题：

我们使用的北京时间是如何来的呢？

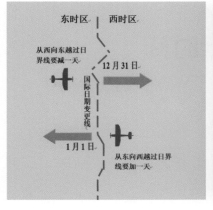

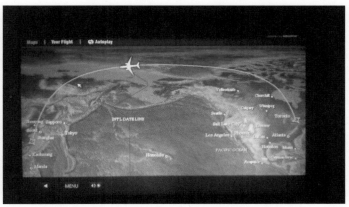

　　在上面介绍区时的概念时，大家已经知道在同一时刻内，世界不同地区之间的时间最多相差 24 小时，也就是整整一天。这样，问题就出来了，这一天究竟应该从哪里开始呢？为解决这个问题，就必须规定出一条经线作为全球日期的起始线，大家才好记录日期。规定的这条线叫做日界线或国际日期变更线，以 180° 经线作为日界线，这样地球上新的一天总是从 180° 经线所在时区的零点开始。因为有了国际日期变更线，所以日界线西面的日期比东面的日期要多一天。当你乘飞机从中国向东飞往美国时，除了要将手表调整到当地区时，还要记得将日期减去一天：反之，当你从美国向西飞行返回中国时，日期又要加一天。

　　小问题：

　　了解时间和日期的概念以后，你知道北京奥运会开幕式的时候，伦敦应是什么时间吗？

3. 为什么同一航线往返飞行时间会不一样呢？

大家都知道，我们从一个地方到另外一个地方，然后再原路返回，如果速度相同，来回所用的时间几乎是一样的。但是经常乘坐飞机的人却有这样一种疑惑：乘坐同一航线的飞机，来回飞行时间却不一样，有时甚至还会相差很多。例如，从北京到深圳，波音 747 要飞 3 个小时，而从深圳到北京却只需要 2 小时 20 分钟。这是为什么呢？

通常，造成这种情况的主要原因有风和航行路线这两个方面。就像我们在地面上行走一样，飞机在天空中飞行的时候，也会遇到顺风或者逆风的情况，风的存在影响了飞机的实际飞行速度。顺风的时候，飞机的实际速度变大，逆风的时候飞机的实际速度则变小，这样

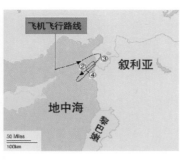

在两个城市往返时间就会不一样了。特别是在冬季、春季往返西部和东部地区时,同一航线的往返飞行时间差尤其明显。下次旅行,如果逆风而上,就请安心享受徜徉蓝天白云之间的片刻悠闲,享受一次快乐飞行吧!

另外一个原因就是飞行路线发生了改变。飞机在两个城市之间飞行,并不是直线飞过去的,而是需要在空中从一个点飞到另一个点再飞到下一个点,飞行路线是折线。往返时有可能飞的不是同样的折线,因此路线不一样,时间也不一样了。有时候在空中还可能遇到雷暴、降雨等恶劣天气,飞机会进行躲避,绕个弯过去,这就改变了飞行的距离,时间也就变了。

当然还有其他的原因,比如机场方面的原因。清晨和夜晚的时候,机场上飞机相对较少,飞机就不用排队等待起飞和降落,飞机空中等候时间较短,节省了很多的时间;而到了中午或者某个时候,空中盘旋的好多飞机要排队降落,地面滑行的好多飞机要排队起飞,那小伙伴们就要多等一会啦!

小问题:

你觉得还有哪些原因会造成飞行旅程往返时间不一致呢?

4. 为什么飞机适宜在平流层飞行？

当我们坐在飞机上从舷窗往外看时，会看到下方连绵不绝的云海，似浪花、似骏马、似高山，美丽至极。此时，我们已经飞到了离地面万米之上的高空，在大气平流层中飞行。

那么，飞机为什么喜欢在平流层飞行，而不在相对离地面较近的对流层飞行呢？

飞机在飞行过程中通常要穿过对流层爬升到平流层，在平流层进行巡航飞行。对流层是紧贴地球表面的一层大气，同时也是地球大气层里密度最高的一层，蕴含了整个大气层约75%的质量和90%以上的水汽质量。对流层顶端离地球大约10千米，气温下面高、上面低，因此容

小问题：
你觉得还有哪些原因会造成飞行旅程往返时间不一致呢？

易发生空气对流。显著的对流运动和充足的水汽，使对流层的天气现象复杂多变，云、雨、雪、雷、电等主要的天气现象都发生在这一层。

　　如果飞机在雷雨天飞行，飞机会产生强烈的颠簸，不但飞机结构容易损坏，强烈的雷电还可能击毁飞机。所以，雷雨是严重威胁飞行安全的天气状况，在民航飞行航线上如果遇到雷雨通常需要绕过去，还可能因此备降其他机场甚至取消飞行。

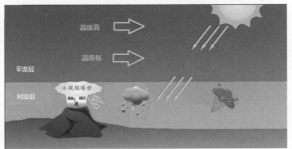

　　另外，飞机在对流层飞行，还可能受到飞鸟的威胁。通常鸟类活动都在 3 千米以下，如果飞机飞得太低，由于相对速度很快，一旦撞上小鸟，很可能发生机毁人亡的事故。

　　平流层位于对流层之上，其特点是：温度大体不变，平均在 −56.5℃左右。平流层上部有臭氧层，臭氧层会吸收波长较短的紫外线，所以平流层上部温度相对较高，下部温度相对较低，空气垂直运动不显著，气流流动以平流运动为主，是飞机比较理想的飞行空域。

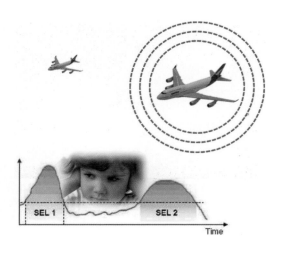

平流层中水汽、悬浮固体颗粒、杂质等极少，天气晴朗，光线好，能见度高，气流比较稳定，不可能受到飞鸟的威胁，飞机飞行较为安全。另外，由于平流层距地面较高，飞机飞行过程中对地面的噪声污染相对也较小。

小问题：
　　飞机设计时是要考虑防雷击要求的，查查资料，说说防雷击措施有哪些？

5. 滑翔机没有动力为什么能飞翔？

很早以前，人类就憧憬像鸟儿一样在空中自由飞翔，后来人类就模仿鸟儿发明了风筝，接着人类又有了另一个智慧的结晶——滑翔机。风筝有轻薄的身体，能够升空主要靠风的作用。滑翔机和风筝一样也没有动力装置，却比风筝重那么多，那么它是怎样飞翔的呢？

放风筝时我们需要用一根线牵着风筝向前跑，滑翔机同样需要汽车或飞机牵引起飞，当然也可以在倾斜的山坡上依靠操纵者奔跑产生前进的动力进入空中，就像你在电视中看到的那样，他

小问题：

　　大家都放过风筝吧，那你能讲讲应该怎样才能把风筝放的又高又远吗？

们背着巨大的"机翼"，飞快地跑向山坡、悬崖甚至高楼大厦的边缘，然后起飞！到了高空中，滑翔机靠自身与空气相对运动产生的升力来克服重力，以推力克服空气阻力升空飞行，就像雄鹰张开翅膀而不是挥舞翅膀同样可以在空中盘旋。

滑翔机升空之后，它不会很快地下坠，可以利用地面或山谷形成的上升气流平飞甚至升高，并且能够在空中翱翔很远的距离。如果在没有上升气流，也没有风的情况下，下滑飞行中它也可依靠自身重力向前的分力作为飞行前进动力，但由于空气阻力会逐渐减缓飞机的速度，升力就会愈来愈小，重力大于升力，飞机就会愈飞愈低，最后降落至地面。一些有经验的滑翔机驾驶员可以发现并跟踪上升气流，把滑翔机带到更高的空中，就能更久地留在空中。

　　早期在第二次世界大战中，滑翔机曾被用来向敌后空运武装人员和物资。由于没有采用动力，它可以在夜间安静地飞越严密设防的战线而不被察觉。今天它主要用于体育航空运动，国际上成立了悬挂滑翔协会，每两年举行一次国际竞赛，有定点着陆、留空时间、飞行距离等竞赛项目。截至 2002 年底，滑翔机最长留空时间为 57 小时，升空高度为 14938 米，直线飞行距离达 1460 千米以上。2009 年底，新西兰的两名滑翔机飞行员创造了滑翔机飞行距离 2501 千米的最新世界纪录。

小问题：
　　怎么样才能折出可以飞得又远又久的纸滑翔机呢？动手试试看！

6. 飞机为什么要迎风起降?

大家一定都有这样的体验:当我们骑自行车时总是希望顺风而行,因为那样骑行比较省力,速度也比较快;当我们划船游玩时,会明显感觉到顺流而下比逆流而上要省力得多。那么,为什么飞机起降时通常都是要迎风飞行而不是顺风飞行,难道飞机不想飞得更快更省力吗?

飞机迎风起降的主要原因有两个:一是可以缩短起飞或着陆时的滑行距离,二是安全性较好。这是为什么呢?

大家知道,飞机起飞时,只有当机翼所产生的升力大于飞机的重力,飞机才能够离开地面。而升力的大小,取决于飞机与空气的相对速度,而不是飞机与地面的相对运动速度(滑跑速度)。飞机与空气

小问题:

机场跑道的设计和什么有关?我国机场的跑道多为南北向是什么原因?

　　的相对速度越大，升力就越大。逆风起飞时，飞机与空气的相对速度等于飞机滑跑速度加上风速，因此飞机相对空气的运动速度要大于飞机的地面滑跑速度，从而可以获得更大的升力。这样飞机就可以在更短的时间内起飞，减少地面滑跑距离。同时飞机逆风起飞也减少了发动机在最大推力下的起飞运行时间，延长了发动机的寿命，节约了燃油。

　　飞机降落时，我们希望飞机相对于地面的速度尽快减小，而迎风降落可以增大飞行阻力，使飞机的速度尽快降下来，从而缩短了着陆时的滑跑距离。

　　逆风起降还有利于提高飞机运动中方向的稳定性和操纵性。飞机起飞和降落时速度都比较慢，稳定性比较差，如遇强劲的侧风甚至可能会把飞机吹歪倾斜。迎风起降受侧风的影响相对较小，也就比较安全。

　　一般来说，只有在无法选择逆风起降而且跑道较长风速又不大的情况下，才可顺风起降。
国际民航规定如果是顺风起降，风向风
速必须小于每秒 5 米。不过，随着技术
的不断发展，现在飞机速度以及稳定性
都有了很大的改进和提高，风向对飞机
的起降影响也减小了。

　　舰载飞机在航空母舰上起飞时，由
于起飞甲板的长度很短，为了增大飞机
与空气的相对速度，一般要求航空母舰
要以每小时 36 千米以上的速度逆风航
行，来帮助飞机起飞，必要时需要调整
航空母舰的航向和航速，使飞机能逆风
起降。

小问题：

　　飞机迎风起降可以减小起飞着陆距
离，除此之外还有什么措施可以提高飞机
的起降性能呢？

7. 飞行黑色 13 分钟是怎么回事?

　　在某些西方国家, "13"被认为是不吉利的数字。你听说过"飞行黑色 13 分钟"吗? 这又是怎么回事呢?

　　飞机起飞时的 6 分钟和降落时的 7 分钟, 被称为"黑色 13 分钟"。此时是飞行员必须精力高度集中, 操纵飞机最为紧张繁忙的阶段。飞机上的仪表设备要同时接收地面航向台、下滑台、信标台等的引导信号; 飞行员要始终与指挥塔台保持无线电联络, 听从塔台的指挥, 随时保持规定的飞行数据; 在下滑进近阶段飞机的安全完全由机上仪表的指示准确程度决

定。起飞和降落是飞机最不稳定的时候, 飞机的状态在短时间内剧烈变化, 一旦出现其他干扰, 飞行员很难在短时间内控制住飞机, 航向、高度稍有偏差, 就可能飞出进近安全保护区, 与地面障碍物相撞或着陆失败, 造成空难事故。

在那些"黑色时刻"的历史中，最难忘的莫过于前波兰总统遭遇的"黑色13分钟"了。2010年4月10日，波兰总统莱赫·卡钦斯基赴俄罗斯参加外事活动，在斯摩棱斯克北方军用机场附近飞机失事，事故中共有96人遇难，其中包括总统、总统夫人及很多波兰高官。波兰29日公布了前总统专机坠毁原因调查报告，称专机机组人员在收到地面关于天气恶劣的警告后没有及时转降备降机场，飞机在降落时飞行高度过低、速度过快，直接导致飞机坠毁。

相信大家对这段话并不陌生："我们的飞机即将起飞，请您关闭您随身携带的电子设备，如手提电话、遥控玩具、电子游戏机、激光唱机和电音频接收机等电子设备，包括开启飞行模式的手机……"。虽然飞机上的大部分电子设备都采用了屏蔽措施，但仍不能保证100%的屏蔽一

小问题：
　　飞机起飞着陆时为什么开启飞行模式的手机也不允许使用？

切电子干扰。例如移动电话在开机状态会不停和地面基站联系，虽然每次发射信号的时间很短，但具有很强的连续性。飞机在平稳飞行时，距地面 6000 米至 12000 米，此时手机根本接收不到信号，无法使用。在起飞和降落过程中，手机才有可能与地面基站取得联系，此时干扰导航系统产生的后果也最为严重。在能见度低的情况下，飞机需要启用盲降系统进行降落，也就是利用机场的仪表着陆系统向飞机发射电磁波信号，以确定跑道位置，此时手机发出的电磁波就会对飞机的导航系统造成干扰，严重影响飞机的着陆安全。

飞机降落前，乘务员通常还会调暗客舱灯光，并提醒乘客打开舷窗遮光板。调暗客舱灯光是为了让我们的眼睛能在飞机意外断电的情况下更快地适应外界的光线，从而分辨周围的情况，尽快做出判断。打开遮阳板是为了在起飞和降落过程中遇到意外时，使机组人员和乘客可以及时观察到机外的环境状况，从而选择更安全的逃生出口用于疏散乘客；如在白天发生断电还可以确保机舱外的光线照进客舱提供照明。

　　飞机非正常着陆后，往往会起火，甚至引发爆炸。一般来说，消防人员赶到扑救的"黄金时间"是飞机降落后的 3 分钟，而乘客逃生的"黄金时间"只有 90 秒。为了能在这短暂而宝贵的 90 秒逃生，乘客需要事先了解清楚最近的紧急出口在哪里；还要再选一个备用逃生口，以防距离最近的逃生口在危急时刻不能使用。

　　据统计，世界上超过一半的空难发生在"黑色 13 分钟"之内。所以在飞机最危险的 13 分钟里，一定要做好安全防范工作。

小问题：

　　为什么飞机起降时要求乘客必须系好安全带？

8. 什么是盲降?

近年来，由于雾霾等天气频繁出现，民航局规定特定航班的机长必须需具备"Ⅱ类盲降"资质。那么什么是盲降呢？

盲降并不是"瞎降"，我们通常说的盲降主要是在仪表着陆系统（ILS）的引导下，在低天气标准或者飞行员在肉眼无法看清机场跑道的情况下，通过仪表设备引导飞机进近着陆。

国际民航组织规定，盲降可分为三类：

Ⅰ类盲降：决断高度（指在此高度飞行员看清跑道即可实施落地，否则就得复飞）不低于 60 米，能见度不小于 800 米或跑道视程不小于 550 米。

Ⅱ类盲降：决断高度低于 60 米，但不低于 30 米，能见度为 400 米，跑道视程不小于 350 米。

Ⅲ类盲降：任何高度都不能有效地看到跑道，只能由驾驶员自行作出着陆的决定，无决断高度。

目前，国际民航组织还没有批准任何一家航空公司拥有无决断高度和无跑道视程限制盲降的运行资格，但目前绝大多数的主流民航飞机的机载设备已经具备运行"Ⅲ类盲降"的能力。

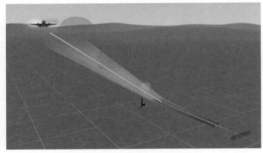

飞机在起降阶段，前方视线是否清晰是飞机能否正常起降的重要条件。特别是飞机在降落前离地面 50 米时，也是飞机降落过程中最危险的时候。庞大的机体以一定的速度降低高度，短短 50 米眨眼即到。如果机场有雾或霾，能见度达不到 800 米，飞行员凭肉眼降落风险极高。

仪表着陆系统相当于给飞行员装上了"电子眼睛"，由地面发射的两束无线电信号实现航向道和下滑道指引，建立一条由跑道指向空中的虚拟进近着陆通道，飞机通过机载接收设备，确定自身与该路径的相对位置，使飞机沿正确方向飞向跑道，并且平稳下降高度，最终实现安全着陆。

小问题：
盲降会比一般降落危险吗？查询资料看看有没有因为盲降而发生的飞机事故？

实施盲降时机场需要拥有进近灯光、跑道标志、仪表着陆系统等设备。对周边净空条件、电磁环境等也有要求,还需防止无线电或化学烟雾干扰仪表系统。飞机的机载设备应拥有仪表故障警告系统、双套仪表着陆系统(ILS)接收机、复飞姿态指引设备、自动油门系统等。

盲降系统可有效减少机场因天气原因造成的航班不正常率,为飞机的安全正常飞行和空管的优质高效服务奠定了良好的硬件基础。

与民用飞机相比,军用飞机的飞行环境更为复杂,盲降的要求也更高。目前,战斗机上装备有仪表着陆系统、微波着陆系统和卫星导航着陆系统等不同的自动着陆系统。美国正在研制的联合精密进近和着陆系统(JPALS)是一种以 GPS 为基础的自动着陆／着舰装置,垂直精度可达 0.3 米,大大高于民航 III 类盲降系统所要求的指标。2012 年,X-47B 无人机应用类似的盲降系统在航空母舰上进行了自动着舰试验。

9. 飞机有倒档吗?

汽车倒车时需要挂倒档,这样不需要掉头就可以使汽车向反方向行驶,给倒车带来很大的方便。飞机在机库、机场也需要掉头、出库,那么飞机有倒档吗?

大多数飞机是没有倒档的。因为要有倒档就必须要有向后的动力,或者有反向的传动装置。现代飞机的发动机一般只能提供使飞机向前运动的推力,而没有把动力装置和起落架连接在一起,使之成为直接驱动起落架前进或后退的动力。因此,飞机不能像汽车那样通过倒档来倒车。那么,飞机想"倒车"怎么办?

要实现飞机"倒车",可以通过牵引车帮忙。飞机出库可以用牵引车牵引,飞机在准备起飞前也是由牵引车把飞机推上跑道再滑行起飞的。

小问题:
飞机在跑道上滑跑是靠起落架的机轮驱动的吗?飞机为什么能在跑道上快速滑跑呢?

当然,也有个别螺旋桨飞机可以在地面通过螺旋桨反转,产生向后的推力,使飞机倒车,如美国的C-130"大力神"运输机就能实现反桨倒车。

还有个别喷气式飞机可以采用反推力系统倒车,如C-17这类要求能够在野战机场起落的喷气式运输机,由于野战条件的限制,不可能所有的野战机场都配有完备的地面牵引车,因此飞机配备了能够倒车的反推系统。2008年汶川地震救灾期间,美军负责运输救灾物资的C-17在成都双流机场就是自主离开停机位的。

小问题:
为什么螺旋桨飞机可以实现反桨倒车?

10. 为什么飞机起降时乘客会耳朵疼?

在乘坐高速电梯时,很多人都有耳朵不适的感觉,当我们吞咽一下口水后,不适消失。同样,在飞机起降和飞行高度变化时,很多人经常会感觉到耳朵疼痛和听力下降。那么为什么在这些情况下耳朵会疼呢?

耳朵的外耳和中耳之间有一层薄膜(即鼓膜),鼓膜受到声波撞击时产生振动,振动传到大脑我们就可以听到声音。咽鼓管是中耳腔和鼻腔之间的通道,正常情况下,咽鼓管有空气进入,耳腔内的压力和鼓膜外的压力保持平衡。当飞机起飞与下降时,周围的空气压力会随着高度的变化骤然改变,外耳道的压力是跟随周围大气压力一起改变的,而鼓室内的压力还来不及调整,因此鼓膜两边就产生了压力差。鼓膜两边内外气压失去平衡,从而发生"压耳"现象,使鼓膜充血。由于人耳对气压差变化很敏感,

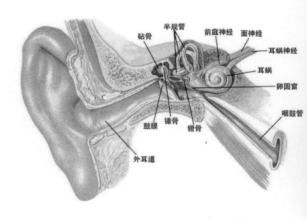

半规管　前庭神经　面神经
砧骨
耳蜗神经
耳蜗
卵圆窗
咽鼓管
鼓膜　锤骨　镫骨
外耳道

小问题:

　　有时空乘人员会在飞机下降之前给乘客提供糖果,她们的目的是什么?这对乘客有什么好处?

因此有些乘客就会产生耳朵疼痛现象。

为了减轻耳朵疼痛，可采用打呵欠、咽口水、吃东西、喝饮料、捏住鼻子鼓气等方法，促使咽鼓管张开，使鼓膜内的压力做出调整。

飞机减压耳塞也可以缓解耳痛现象，飞机耳塞通过控制空气进入耳朵的速度，缓冲鼓膜内外气压快速、强烈的气压变化，使鼓膜两侧气压缓慢地达到平衡。

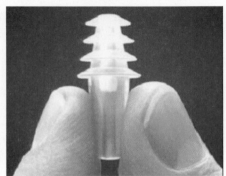

飞机起飞或下降时，耳朵产生难受的感觉是普遍现象，虽然普遍感到不舒服，但有些人的咽鼓管通过较好的自我调节，并不会感到很疼。一般来说，婴儿和青少年，患有鼻炎、鼻窦炎的人，感冒、鼻塞的人，由于咽鼓管调节功能较差，容易产生耳朵疼痛。尤其是婴儿尚不会主动吞咽，可通过给婴儿喂奶、喂水产生吸吮、吞咽等动作，减少对鼓膜的压力。事实上，哭也有利于开启咽鼓管，缓解耳部不适，所以如果小孩儿哭闹可以不必立即制止。

小问题：

你在乘坐飞机时有什么可以应对耳朵疼的绝招？

11. 为什么"铁鸟"怕小鸟?

你玩过《愤怒的小鸟》吗？愤怒的小鸟用自己的血肉之躯瞬间把碉堡撞得七零八落，她真的有那么大的本事吗？

残酷的现实使我们不得不相信，小鸟的确有着超乎寻常的威力。2009 年 1 月，美国航空公司 1549 号航班（机型为空客A320）与鸟群相遇，导致两台发动机全部发生故障，失去推力的飞机从纽约市上空下坠，幸好飞行员在最后几分钟将飞机迫降在哈德逊河上，才使得 155 名乘客和机组人员无一人死亡，堪称民航史上最传奇的鸟撞飞机事件。

小问题：

如果飞机迫降在海上，你知道怎样逃生吗？闭上眼睛，在心里默默地演练一下。

　　飞机起飞和降落过程是最容易发生鸟击的阶段，超过 90% 的鸟击发生在机场和机场附近空域，50% 发生在低于 30 米的空域，仅有 1% 发生在 760 米以上的空中。那么，重量这么轻的小鸟为什么会对体积庞大的飞机产生如此严重的威胁呢?

　　我们知道，世界上绝大多数鸟类都有体形小、质量轻的特征，因而鸟击的破坏主要来自飞机的速度而非鸟类本身的质量。撞击力与飞行速度的平方成正比，所以飞行速度越大，撞击造成的破坏也就越大。也正是由于飞机飞行速度很快，使得绝大多数鸟类无法躲避飞行中的飞机，再加上喷气式飞机进气口强大的气流，常会将飞过的鸟类吸入发动机，造成机毁人亡的恶性事故。

小问题:

　　利用物理课学的知识，试试用你自己的语言解释飞机与小鸟相撞时，为什么会发生如此悲惨的事故。

12. 怎样避免小鸟撞飞机?

　　鸟击对飞机的破坏程度与撞击位置有密切关系,导致严重破坏的撞击多集中在导航系统和动力系统两方面。飞机导航系统大多位于飞机前部,更容易遭到鸟击。一旦导航系统遭到破坏,就会导致飞机失去导航系统的指引,在飞行过程中发生事故。鸟击对飞机动力系统的破坏常常是致命的,会直接导致飞机失速坠毁。

　　预防鸟击对航空安全起着非常重要的作用，主要途径是减少鸟类活动与飞机起降的重叠，尽量避免在鸟类栖息地和迁徙补给地附近建设机场。另外，还可以通过恐吓、改变栖息环境和迁移栖息地等措施驱赶鸟类离开机场空域。目前，采用最多的防治措施是用煤气炮、录音驱鸟、恐怖眼和猎杀等方法。防治鸟击需要综合各种方式，任何一种方式单独使用一段时间后防治效果会变差，甚至失效。

小问题：
　　鸟类是我们的朋友，你还有什么方法可以不破坏鸟类生存环境又避免发生事故吗？

13. 天气是怎样影响飞行的？

刮风、下雨、雾霾天气给我们的出行带来了诸多不便。那么，风、云、雾这些糟糕的天气会不会对飞行造成影响呢？答案是肯定的，这些恶劣的情况不但对飞行有影响，甚至还会对飞行安全构成极大威胁。

起风的时候，我们逆风行走会觉得很困难，走路的速度也会随之变慢。同样当飞机在高空巡航飞行时，逆风飞行，将受到对面来风的阻碍而使飞机速度变慢，飞机的耗油量也会大大增加；飞机顺风飞行时，犹如快马加鞭，既飞得快又省油，飞

机就可以飞得更远。当飞机遇上从侧面吹来的风，飞机就会被吹离它飞行的"道路"而把握不住方向。风对飞机的飞行有利有弊，如果风对飞行有利，就加以利用，顺利完成飞行任务，否则就要格外小心。

飞机在空中飞行，经常要与云打交道。有的云是飞机的朋友，在空中与飞机相伴，例如呈片状似雾的层云，通常不会产生降水，飞机穿行其中不会有什么危险；有的云则是飞机的敌人，给飞机带来各种麻烦，例如有的云层中有雷电、暴雨、冰雹，飞机一旦进入其中十分危险。在云中飞行，飞行员的视线很差，飞机就容易偏离航线，有时还会有强烈颠簸。如果遇到雷暴云，飞机很容易遭到电击，轻则使飞机表面被击穿，仪表失灵、烧毁，重则会使飞机油箱起火燃烧甚至爆炸，发

小问题：

云有各种各样的外貌，变幻无穷，你知道天空上都有哪些云吗？

生严重飞行事故。我们常说"看云识天气"，飞行员也要"看云知飞行"，根据云的不同，及时做好预防措施。

大雾天气中我们什么也看不清，感觉寸步难行。如果机场上空被浓雾覆盖，飞行员的视线变得模糊不清，看不清跑道和地面周围的设施，会严重阻碍飞机的起飞和着陆。为了保证

飞行安全，大雾天气下很多航班会延误或取消。国际航空史上因大雾天气发生飞行事故的事例比比皆是。

现在，大家应该明白天气对飞行影响的严重性了吧。如果你在机场听到"某某航班因天气原因延误"的消息，这个"天气原因"看似简单，其实可能含有多种状况：有的是出发地机场天气原因，有的是目的地天气原因，有的是空中天气原因。换句话说，即使我们看到自己所在的出发机场上空万里无云，还要想到，这并不代表整个航线空中和目的地机场的天气也是这么好。所以，我们要理解和听从机场人员的通告，安全永远是第一位的。

小问题：

恶劣的天气对于飞机的飞行会产生很大影响。你知道机场是怎样预防天气对航班造成影响的吗？

14. 飞机为什么要除冰?

我们在冬天乘坐飞机时,常常会在起飞前听到"飞机正在除冰"的通告,飞机要等除冰以后才能起飞是怎么回事呢?

冬天,空气中的水汽会在冰冷的飞机上凝结成冰。飞机积冰会破坏飞机飞行中的空气动力性能:机体表面如果有水滴冻结或冰雪附着,就会影响飞机的光洁外形,增加阻力;机翼上出现冰层还会导致升力减少;冰层还有可能使飞机的操纵舵面发生卡滞,降低飞机的操纵品质;积冰分布不均衡还可能会破坏飞机的稳定性。另外,积冰还会降低飞机内部动力装置的效率,甚至使其出现故障:喷气式飞机发动机进气口积冰,会使进气量减少;螺旋桨飞

机或直升机桨叶积冰，会使拉力减小；而脱落的冰块还可能打坏发动机和机身。积冰还会影响仪表和通讯：空速管积冰会影响空速表正常工作，不能准确显示空速；天线电积冰就会影响通讯质量，甚至导致通讯中断。

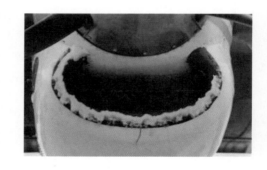

小问题：

想一想，有没有防止飞机结冰的方法？

飞机在起飞前要除去机身上的冰，主要是为了避免冰雪对飞机飞行造成的危害。民航局针对飞机积冰明确规定，当有霜、雪或者冰附着在飞机机翼、操纵面、螺旋桨、发动机进气口或者其他重要表面上，必须在起飞前 5 分钟以内进行外部检查，否则不得起飞。

2006 年 6 月 3 日，一架空警 200 预警机因飞机机翼结冰，在中国安徽东部地区坠毁，5 名机组成员和 35 名空军专家全部遇难。这是中国人民解放军建军历史上最严重的空难。在随后公布的调查结果中，认定空难的直接原因是飞机多次穿越结冰区域，造成飞机空中结冰，导致飞机失控坠毁。

小问题：

什么是飞行结冰区域？你知道飞机飞行过程中在什么条件下容易结冰吗？

15. 飞机怎样除冰？

飞机结冰后，一定要及时除冰。国内目前常见的地面除冰设备为除冰车，其主要除冰方式是喷洒除冰液。这种液体在预热后，会以大约82摄氏度的温度喷洒于飞机机体上，利用高温高速的喷洒效果除去飞机上的冰雪。除

冰液的主要成分是乙二醇和丙二醇，与水混合后能降低冰点至零下50度以下，能起到预防二次积冰的作用。由于除冰液防止二次积冰的时间是有限的，因此，除冰后的飞机应尽快起飞，否则，除冰液失效就需要进行二次除冰，这也是为什么要等到旅客登机完毕，关闭舱门以后才开始除冰的原因。

小问题：

你在冬天坐过飞机吗？有没有体验过给你的座驾—飞机"洗热水澡"的神奇感受呢？

飞机除冰可分为停机位除冰和除冰坪除冰。

停机位除冰是飞机在停放的机位进行除冰作业。这种除冰方式会导致机场运行效率降低，需要长时间占用机位资源，其他飞机不能使用这个位置进行停靠。飞机完成除冰作业以后，还需要按照空管的指挥驶出停机位，滑行到跑道一头等待起飞指令。若在地面的等待时间超过了除冰液的

保持时间，还得进行二次除冰，因此，容易进一步造成起飞延误。

除冰坪除冰是指在机场靠近跑道的区域专门设立除冰坪，并在此进行统一的除冰作业。其优点是能尽量精确地将除冰和起飞时刻进行衔接，并通过除冰坪的空间优势，一次投入更多的除冰设备，有利于缩短除冰时间，减少大面积延误的几率。

一般来说，在流量不大的机场，停机位除冰即可满足航班运行需求，但在大型机场，就要考虑使用除冰坪除冰。

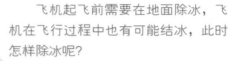

小问题：

飞机起飞前需要在地面除冰，飞机在飞行过程中也有可能结冰，此时怎样除冰呢？

16. 飞机上有炸弹怎么办？

随着时代的发展，科技的进步以及人们生活水平的提高，越来越多的人开始选择去更远的地方旅游观光和出差工作，乘坐飞机成了我们出行的首选，飞机以其安全、舒适、方便、快捷而受到大众的青睐。但是，炸弹之类的危险品对飞行安全的影响可不小，那么，如果飞机上真的出现了炸弹，该怎么办呢？

炸弹等易爆炸品，是危险物质，会对人们身体健康、安全、财产或周围环境造成极大的危害，因此绝对不允许带上飞机。正因为易燃易爆物质会造成这么大的危险，所以才会对乘客的行李物品进行认认真真的检查。

安检员使用先进的探测仪器对乘客的行李和自身进行检查，杜绝危险品出现在飞机上。在飞机上还有空保人员对飞机的任何一个角落进行巡视，

以便发现可疑的人员和物品，采取及时禁止和清除措施。

如果机组人员经过巡查，发现飞机上确实有炸弹，我们千万不要惊慌，要保持镇静，飞机上有专业的空中警察处理炸弹。乘客要做的就是绝对地相信机组人员的专业性，听从他们的指挥，当炸弹被空中警察控制住后，飞机的飞行员也会尽快使飞机着陆，飞机在地面停住后，机组人员会尽快把乘客撤离至安全的地方，使乘客远离危险，保证乘客的安全。

飞机降落后会有专业防暴人员排除炸弹，消除安全隐患，并重新进行安检。确认安全后，飞机将会重新起飞，飞往目的地。正是因为有这么严格的安全检查措施、隐患排查措施和故障解决措施，才使得当今的民航运输更加安全。据调查显示，在所有的交通运输工具中，飞机是最安全、引发事故最少的交通工具！

小问题：
如果飞机上接到虚假炸弹恐怖信息，那又该怎么办呢？

17. 民用飞机为什么不配备降落伞？

我们看到过很多惊险的场面，当飞机在飞行中遇到故障马上要坠毁时，飞行员按下弹射按钮，弹射座椅从驾驶舱弹射而出，降落伞帮助飞行员安全落地，挽救飞行员的生命。

一般这种场面会出现在军用战机和一些小型民用飞机上。那么，作为世界上最安全的交通运输工具，民航客机有没有为乘客配备降落伞，在必要的时候帮助逃生呢？

常坐飞机的人会发现，客机上除配备了氧气罩、救生衣

小问题：
　　查一查最低和最高的跳伞起跳高度纪录分别是多少？

等必要的救生、逃生设备外，根本就没有配备降落伞！不但乘客没有，连机组人员也都没有。如果飞机在飞行过程中发生意外，乘客怎样保证生命安全呢？

　　其实，在客机上配备降落伞并非明智之举。大家可能见到过这样的场面：当高楼发生火灾时，一些人会不顾一切地从几十层高的楼上跳下，结果可想而知。如果飞机上配备了降落伞，可能也会出现类似的情况，情绪失控的旅客涌到飞机前后的舱门，吵闹着要求打开舱门跳出去，机舱内乱作一团；个别飞行员和机组人员可能在慌乱中出于求生本能放弃飞机和乘客，自己跳伞逃生……这样的场面是大家不愿看到的。

此外，大家知道，由于飞机飞行速度非常快，跳出舱外后的空气阻力会让人感觉像重重地撞在一堵墙上一样，一般人体无法承受这样的撞击。适合跳伞的高度在 800 米到 1000 米左右，即使此时乘客能够跳出舱外，一般未经训练的人由于不会使用降落伞，很容易把自己裹到伞包中，重重地摔到地上。

民用客机不配备降落伞还有很多客观的原因。首先，飞机失事通常都是在瞬间发生的，出现险情或者故障多数为飞机起落和下降的时候，即使每位乘客都拥有降落伞，也来不及完成跳伞的准备工作。

另外，一般民用客机大都在平流层飞行，飞行高度在 10000 米左右，在万米高空空气十分稀薄、温度很低，在机舱外人根本无法生存。而且客机的机舱是密封的，如果突然打开舱门会导致严重失压，全舱旅客可能会全部冻死或窒息而亡。

一般来说，飞机在飞行过程中出现意外的可能性非常小，空难概率只有十万分之一。现代大型客机很多设备都是多余度设计，比如作为飞机"心脏"的发动机都有两台或两台以上，即使只有一台发动机正常工作，驾驶员也可以通过正确的操作维持最低安全限度的飞行，并尽最大努力寻找时机进行紧急迫降，挽救乘客的生命和飞机的安全。

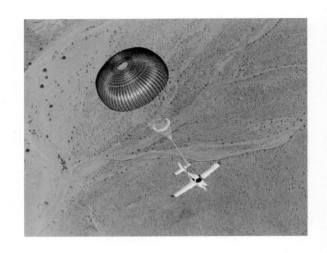

小问题：

目前民用飞机不能给每位乘客配备降落伞，一旦出现事故，能不能像图中的那样用一个大降落伞来保护飞机安全着陆呢？

18. 飞机飞行需要看 "红绿灯" 吗?

小时候我们经常听大人讲"红灯停，绿灯行"。红绿灯是公路交通中最重要的交通标志。有了红绿灯，汽车和行人才能够安全地在马路上穿行。那么，飞机在飞行过程中有红绿灯吗？如果有，它们设在什么地方呢？

飞机在辽阔的天空飞行，你来我往，上下穿梭，看起来似乎又复杂又混乱，不像地上跑的汽车沿着平坦的马路顺序行驶。但其实飞机飞行也是要受到限制的，它的一举一动都被空中交通管制严格控制。空中管制会利用通信导航技术和监控等手段，对飞行的飞机划分出明确的空域，规划出完善的航路和航线网，每一架飞机该从哪个方向飞走，哪个方向飞回，都由空中管制进行监控。

　　如果说空中的航路和航线网就像条条"马路"，那么在这些"马路"的重要联络点——机场的跑道上也设置了很多不同颜色的灯，这些灯就是保障飞机安全着陆的"红绿灯"。那么，这些灯光是干什么用的呢？

　　这些五颜六色的灯光是目视助航灯光，由远及近可分为进近、跑道、滑行道等几部分。飞机进近阶段，是一组白色的顺序闪光灯，设置在跑道延长线的中线上，每排5个，引导进近中的飞机对准跑道中心线。

　　飞机再往前飞，有三组与跑道垂直的横排灯，最后一组绿色的灯，表示是跑道的入口。而两边的红色灯标，主要用来告诉飞行员飞机就要进入跑道。

　　最后一部分是着陆区域灯，从跑道入口一直往前延伸。当飞行员看到这些灯，就可以操纵飞机降落在着陆区域灯所指示的区域了。

　　随着飞机的降落和减速，飞行员要将飞机滑行离开跑道。这时就由滑行道上的指示灯接棒提供指引了，它们引导飞行员一路驾驶飞机滑向指定的停机位。傍晚的机场是一个由许许多多五彩斑斓的灯组成的灯光世界，景色十分壮观。

小问题：

　　在晴朗的夜空中，有几点红、绿、白色的灯光缓缓地飞过，这就是飞机上的航行灯，你知道飞机的航行灯是做什么用的吗？

19. 飞机如何在天空中确定位置?

　　大家经常会看到蚂蚁忙忙碌碌地到很远的地方寻找食物,不仅不会迷失方向而且能准确找到回家的路。蚂蚁靠爬行时身体分泌出来具有特殊味道的化学物质来辨别方向,还可以靠太阳的位置来认路。那天上的飞机在两地之间飞行,他们靠什么来认路呢?飞机会不会"迷路"呢?

　　早期的飞行员主要依靠地面标志去认路,我们称之为目视导航。飞行员必须双眼紧盯地面,搜索一些容易辨认的标志物,如高塔、铁路、河流、山峰等,飞机不能飞行太高,不然就看不清标志物了。这种方法的精度完全靠地形特点是否明显和飞行员的认路水平,往往精度较低,只是在小飞机上使用。

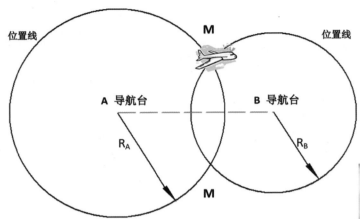

位置线　　　　　　　　　　M　　　　　　　　　位置线

A 导航台　　　　　B 导航台

R_A　　　　　R_B

M

随着时间推移，飞机飞得越来越快，越来越高。上面这种完全靠目视认路的方法已经应付不了了。于是出现了无线电导航方法，使导航方法发生革命性变化。飞机上装有无线电接收机，地面上也设置多个无线电导航台，通过飞机的接收机接收地面导航台发出的电波，测出飞机相对于导航台的方位、距离等参数，只要知道 2 个导航台的具体方位，飞机的位置也就确定了。20 世纪 60 年代后飞机导航方法有了一个飞跃，惯性导航系统开始进入民航。它由陀螺仪和加速度计组成，可以提供飞机的即时速度、所在位置以及飞机的俯仰、滚转、航向角等飞行参数，并在驾驶舱仪表中显示出来，飞行员根据这些信息驾驶飞机沿着规定的路线飞行至目的地。当飞机在飞越大洋和大面积的无人区域时，惯性导航的优势就充分发挥出来了。

现在导航方法又出现了第二次大飞跃，那就是迅速发展的卫星导航系统。GPS 是目前应用最广泛的卫星导航系统，现在汽车上使用的就是这种导航。GPS 主要是利用人造地球卫星来进行导航，相当于把地面的导航台搬到了天空中。飞机上的接收机接收来自至少 4 个卫星发生的信号，测定出这 4 个卫

陀螺仪帧　　　　旋转轴

万向坐标系　　　　转子

星的信号传送到接收地点所用的时间和卫星轨道信息，然后由计算机算出飞机的具体位置。卫星导航可以覆盖到全球的任何一个地方，飞机就可以在全球的任何地方都能得到精确的卫星导航，在任何地方都不会迷路。

随着航空技术的发展，人们对飞机导航的精度要求越来越高。每种单一导航系统都有各自的独特性和局限性，并不是十全十美，这样组合导航应运而生。它将飞机上两种或两种以上的导航设备组合在一起，取长补短，使得导航准确度大大提高。

小问题：

　　你知道目前有哪些国家具备较为先进的全球卫星定位系统吗，它们都叫什么名字呢？

像人一样，没有方向感或失去方向的飞机是非常危险的，有了导航系统之后飞机在空中可以认清道路，沿着正确的道路飞行而不会迷路，顺利完成每次飞行任务。

20. 空中交通管制员是怎样指挥飞机的?

我们经常会在十字路口看到交通警察用不同的手势来指挥来往的汽车。那么空中这些来来往往的飞机是在谁的指挥下"各行其道"地安全飞行呢?其实,就像地面一样,飞机在空中指挥调度是由"空中交警"——空中交通管制员来执行的。

飞机在天上,管制员在地面,不像在地面上的交警可以面对面地指挥汽车,那么他们怎么指挥飞机飞行的呢?管制员主要通过无线电通话实现和飞行员之间的沟通。管制员通过话筒发出指令,由地面无线电通过天空发射台把信号传递给飞行员,飞行员通过机载发射机做出回答,再通过无线电设备传递给管制员,从而达到互相联系的目的。

飞行人员一般提前一天把飞行计划交给管制员。飞行计划包括起飞和目的地机场、起飞时间、飞行路线和高度等基本信息。管制员依据这个飞行计划的信息填写飞行进程单，当飞机飞到一定的位置时必须报告自己的位置，以便管制员能随时掌握飞机的位置，并记录在飞行记录单上，虽然管制员看不到空中的飞机，但是空中所有的飞机任意时刻的位置都能知道，检查飞机之间的距离是否符合规定，飞行高度是否正确，及时做出判断，并进行合理的调配，使它们不至于彼此相撞或与地面建筑物相撞。飞机少的时候，还比较省力，如果有多架飞机在短时间内到达，管制员的工作就非常紧张和繁忙了。

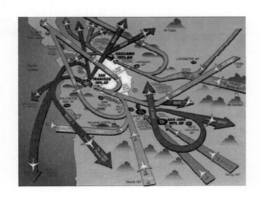

上面的这种指挥方法叫程序管制，还有另外一种管制方法叫雷达管制，管制员可以直接在电脑屏幕上看到空中所有飞机的具体位置，可以更直观、准确地把握飞机的飞行情况，使空中交通更为畅通无阻。目前我国大部分地区都使用了雷达管制，大大提升了空中管制的自动化水平。

小问题：

管制员指挥飞机全凭无线电通话，你知道他们之间的通话有什么特别的术语吗？

21. 飞机是如何避免空中相撞的?

大家都知道,地面上的汽车通过遵守地面的交通规则和按照交警、红绿灯的指挥而有序畅通地行驶,同时也保证汽车之间不会相撞。天空看上去一望无际,但每天每时每刻有那么多的飞机同时在天上飞,它们一定不会相撞吗?那大家知道飞机是如何避免在空中相撞的吗?

飞机在空中不发生相撞,因为空中也有交通规则,保证同一区域内的多架飞机之间要有一定的距离,就像地面上的汽车行驶一样前后和左右要保持一定的距离才能不相撞。飞机在空中飞行时,不仅前后、左右有一定的间隔距离,上下高度上也要保持一定的距离,任何飞机之间的垂

直间隔不能小于 300 米,飞机在相对、交叉、超越飞行时还必须保持彼此的垂直间隔距离不小于 600 米。在一定的高度上只允许飞机按规定的方向单向飞行,跟公路上的单行线一样,以确保飞行安全和交通顺畅。飞机各行其道,之间又有一定的间隔,就不会相撞了。

此外飞机还要接受空中交通管制员的指挥,管制员每天都要把所有的飞行计划进行排列,规定好每架飞机的飞行航线、时间、高度等,通过雷达和无线电指挥天上的飞机按固定的航线飞行,以确保飞机不发生碰撞。

飞机除了有交通规则的保证和管制员的精准指挥外,空中防撞还有最后一道防线,那就是飞机自身安装的空中防撞系统(TCAS)。TCAS 会不断向四周发出一种询问信号,当其他飞机的 TCAS 应答器接收到询问信号时,会发射应答信号。

TCAS 的计算机根据发射信号和应答信号间的时间间隔来计算两架飞机之间的距离，同时还可以确定其他飞机的航向，这些信息显示在飞行员面前的导航信息显示器上。当有危险接近时，TCAS 会用声音及显示警告飞行员，而且会直接指示飞行员用下降、爬升或保持原来航向等方法来避免与另一架飞机相撞。

因此，飞机在飞行过程中按照严格的规则和程序，遵从空中管制员的指挥，加上先进的防撞系统，飞机在空中的相撞的可能性就几乎为零了。

小问题：

你知道多少有关飞机相遇时的规则呢，说给大家听听吧？

22. 飞机的电从哪里来的?

有了电我们就可以在家里津津有味地看动画片,可以在炎热的夏天吹着空调而不觉得热,可以打开计算机登录互联网,可以做很多事情。同学们应该知道我们所使用的电是从发电厂发出来的,然后通过电线输送到千家万户。空中飞行的飞机上也有各种各样的用电设备,可是没有电线连通着他们,那么这些用电设备所需要的电从哪里来的呢?

其实,每架飞机上都装有自己的供电设备用来给飞机提供所需要的电力,这些供电设备有主电源、辅助电源和应急电源,它们就像一个个小小的发电厂。主电源主要指发电机,大型客机一般用两台发动机带动两台发电机,每一台发电机所发出的电力都足以供给飞机全部用电设备的需要。

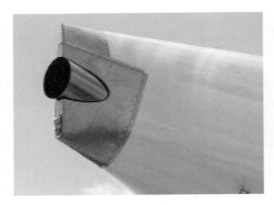

除了上述发电机外，飞机上还装有辅助电源。在飞机的机尾圆洞内又加装了一个小型的涡轮发动机和发电机，它的名字叫辅助动力装置（APU）。

万一前面提到的那两台发电机同时出现故障时，这台辅助动力装置就承担起为飞机提供全部电力的责任。当飞机在地面发动机关闭的情况下，也需要通过 APU 供电，提供地面上飞机内部照明、空调等的

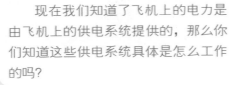

小问题：

现在我们知道了飞机上的电力是由飞机上的供电系统提供的，那么你们知道这些供电系统具体是怎么工作的吗？

用电。这样就能为飞机节约大量的燃油。

当主电源和辅助电源都失效不能工作的情况下，应急电源就要"临危受命"向飞机供电了。应急电源就是蓄电池，就像电动自行车采用的那种电池一样，主要通过发动机产生的直流电为其充电。不过，这种蓄电池存储的电量毕竟有限，只能保证向重要的设备和仪表提供电力，起到调节电压的作用。

早期的飞机，仅限于白天、低空和较短距离飞行，飞机的用电很少，只装有如发动机电点火装置这样一些比较简单的用电设备，一般用蓄电池供电就可以。第二次世界大战时期，飞机上用电设备逐渐增加，飞机上开始安装通信电台、飞机内部和外部照明设备等，以适应夜间和远距离飞行的需要。飞机用电量大幅度增加，一架大型飞机的用电量可达几百千瓦小时，飞机上的供电设备成为现代飞机一个不可缺少的组成部分。

小问题：

奔跑在轨道上的火车里面同样有各种各样的用电设备，在行驶过程中需要消耗大量的电力，那么火车上的电从哪里来的呢？

23. 飞机的燃油装在什么地方？

不管是亲自乘坐过飞机还是在电视、书本上看到飞机的图片，我们都不难发现，民航客机的机身基本都用来载运乘客，没有比较显眼的油箱挂在外面。而我们平时看到的运输卡车都可以看到大大的油箱挂在边上，民航运输飞机飞行需要消耗大量的燃油，飞机携带的燃油量可占到飞机重量的 40% 左右，这么多的燃油究竟装在哪里呢？

飞机的燃油的确是装在油箱里面，只不过飞机油箱的外形和放置的地方有些特别。现在大型民用客机一般是把燃油直接装在机翼或者机身内，因为机翼内部是中空的，有很多个六面体，为了利用这个空间，制造者用胶把它密封起来存放燃油，这样一来，机翼就变成了大油箱，叫整体油箱。

一架民航飞机上一般会布置 3 个油箱，其中 2 个主油箱对称的分布在左右机翼外侧部分，1 个中央油箱在两个机翼的根部和机身相连处。燃油箱的容量很大，可以有足够的燃油保证发动机正常工作时的消耗。像波音 777 飞机有三个油箱，油箱可以装油大约 171160 升。有的飞机会布置更

多的油箱，像波音 747，有 5 个油箱，4 个主油箱和 1 个中央油箱。

飞机为什么要采用这样设计的油箱呢？飞机的燃油装在机翼里面，油箱本身就是飞机的一部分，不用再另外制作油箱了，这样就使燃油箱的重量大大减小，可以增大加油量，提高运输能力。飞机的油箱一般都对称地分布在机翼内，这样在燃油消耗过程中，飞机重心移动较小，易于保持飞机的飞行平衡。置于机翼的油箱距地面较远，在飞机强迫着陆等特殊情况下比较安全，油箱发生爆炸燃烧的可能性大大降低。可见机翼贮油是个好创意！

 小问题：
你知道机翼油箱内的燃油是怎么供向发动机的吗？

24. 飞机在空中是如何加油的?

我们都见过汽车加油，汽车只要停在加油站前,加油枪伸进汽车的油箱中,不一会汽车的油就加满了。然而如果汽车变成了正在飞行的战斗机,加油就不是一件轻而易举的事情了,燃油是怎样加到空中的飞机里面去的呢? 现在就让我们到天上看一看吧!

汽车加油需要加油站,飞机空中也需要加油站,这就是空中加油机,它就像一个安装了翅膀的巨大油箱,是一个会飞的"加油站",有了它,飞机在空中可以直接加油,节省时间,增加航程。空中加油机的加油设备大多都装在机身尾部,少数装在机翼下面的吊舱内。加油时,加油员操纵把加油管放出,管的末端有一个伞状锥套,内有加油接头,受油机的受油接口装在机身头部或背部,飞行员操纵飞机渐渐靠近,待受油口插进锥套后,油路自动接通,就开始加油了。

　　这种方法叫做软管式加油法，最大的优点就是能够一次给好几架飞机同时输送油料，可缺点就是驾驶难度非常大，加油的速度较慢。随着技术的发展，空中加油技术也升级了，出现了硬管式加油。在加油机尾巴上有一根伸缩管，平时可以收到加油机身体里，在进行空中加油时，受油机要先接近加油机伸出去的那段伸缩管，到达一定距离以后，两架飞机就要保持相对静止，然后操纵伸缩管，把管子准确地衔接在受油机的受油管上就可以加油了。这种加油方式的加油速度很快，对飞行员操作要求也较低，但同一时间内只能给一架飞机加油。

　　空中加油，好比两架飞机在高速飞行中一起做了一个"盖上笔帽"的"对接"动作，听起来简单，实际却惊险无比，加油机和受油机要保持相对一致的高度，彼此距离很近，操作稍有失误，两机就会相撞。

小问题：
　　你能说出目前世界上加油机的型号吗，列举几个吧？

25. 飞机为什么会发生"哮喘"？

众所周知，当我们感冒严重的时候会喘不上气来，同时会感到胸闷，严重时会咳嗽得很厉害，我们称之为哮喘，及时吃药或吸入药物气雾可以缓解病情。其实，同样的问题也会发生在飞机上，飞机也会发生"哮喘"，但它却有了不一样的名字，我们将其称之为喘振。那么飞机为什么也会发生"哮喘"呢？

现在民航飞机基本采用的都是喷气式发动机，以适应高速飞行的需要。发动机一般由进气道、压气机、燃烧室、涡轮和尾喷管五部分组成，外界空气由发动机进气道吸入，经过压缩、燃烧等处理后由尾喷口喷出，喷出的空气会产生强烈的反作用推力，使得飞机前进。

飞机发动机喘振其实是指其中的压气机喘振，压气机在工作中，由于发动机结构的损坏、外部条件的变化等原因会引起发动机工作状态不稳定，外界空气进入到压气机中会发生气流分离，造成气流反向流动，这样一来气流在压气机中来回往复运动，沿压气机轴线方向会产生高振幅或低振幅的振荡现象，压气机开始 "哮喘"。

压气机喘振对飞机的危害是很大的，它会导致发动机机件的剧烈震动，造成发动机部件的严重损坏，更严重的会造成发动机熄火。因此，一旦发生上述现象必须立即采取措施，使飞机压气机退出喘振状态，不然严重危及飞行安全。

小问题：

在天气炎热的夏天，发动机更容易患上 "哮喘"，你知道为什么吗？

怎样解决发动机喘振问题呢？现在发动机结构中都设计了对症下药的防喘装置，可以预防喘振现象的发生，例如可以在压气机中间级机匣上设置放气孔，发动机工作过程中可以释放出部分空气。在使用发动机过程中，飞行员操纵油门的动作要柔和，不能过猛，即使飞行中发生了喘振而使发动机停车，飞行员也应保持冷静，依靠别的发动机也可以安然落地！

26. 飞机窗户里的学问

都说眼睛是心灵的窗户，我们透过眼睛看世界，透过窗户看风景。我们平时看到的窗户都是方方正正、又大又明亮的，而飞机的窗户却大部分是很小的椭圆形，除了坐在靠窗户的乘客外，其他的乘客很难看到窗外的景色。那么，飞机的窗户为什么不能做大一点呢？

飞机是一个封闭狭小的空间，作为与外界交流窗口的靠窗户的位置，自然就成为大家最喜欢的地方。看到飞机在天空飞行时那朵朵伸手可及的白云，很想打开窗户去采一朵，但是你会发现飞机的窗户是密封的，根本无法打开，这是为什么呢？

大家知道，我们所乘坐的民航客机通常是在10000米左右的平流层巡航飞行。在这个高度下，空气压力大约只有海平面的四分之一，温度一般

在零下 50 度左右，这种环境是人类所不能适应的。为了给旅客提供舒适的旅行环境，需要把飞机的座舱设计成密闭座舱，并为座舱增压至让人感觉舒适的压力（一般相当于 2400 米高度的大气环境压力）。如果在飞机飞行过程中打开窗户，飞机舱内的压力会瞬间下降，也就是将会失压，会造成乘客不适甚至产生危险。

你一定知道"协和"号超声速旅客机吧，它的窗户只有明信片那么大，那么，飞机的窗户为什么做的那么小呢？

窗户的大小可是关系到乘客与机组成员的安全的大事，如果设计不当，就会严重影响飞行安全。由于飞机机舱内是增压的，也就是说机舱内的气压高于外界压力。窗户尺寸越大，窗户边缘承受的压力就越大，造成机舱内空气外泄的可能就越大；但如果窗户太小，采光又是问题，因此窗户的尺寸应该被控制在一个合理的范围内。

另外，窗户尺寸过大，也就意味着在机身上的开口越大，机身大开口会影响飞机的结构强度。当然，随着技术的发展和复合材料的大量使用，新型飞机的舷窗尺寸已经显著增大。如波音 787 飞机的窗户尺寸比现役飞机扩大了 70%，这样无论坐在飞机的什么位置，乘客都能欣赏到窗外的美景了。

大家很容易发现，我们家里的窗户大多都是方形的，那么为什么飞机的窗户要做成椭圆形甚至圆形呢？

其实飞机曾经有过方形的窗户，早期的飞机飞行高度和速度都比较低，客舱不需要加压，飞机在飞行过程中机身所受的力比较小，即使窗户设计成方形，窗户四角处的应力集中也不致使结构发生破坏，比如早期的美国 DC-3 飞机的窗户就是方形的。

但是随着飞机速度和飞行高度的提高，对机体的抗压能力提出了更高的要求。通常情况下，结构的开口处会有应力集中，这些地方也是结构中最容易产生疲劳破坏的地方。对于圆形的窗户结构，其应力分布比较均匀，不易在拐角处出现应力集中，因此，飞机的窗户通常要设计成圆形或者椭圆形状。

小问题：
如果你坐在窗户旁，你会发现飞机的窗户通常有三层玻璃，那么，你们知道中间那层玻璃上的小孔是干嘛用的吗？

27. 中国军用飞机是怎么取名字的？

　　每个人都有自己的名字和身份证号，这些名字和编号会被作为区分我们与他人的一种标志。同样，每种飞机也都有自己的"名称"。世界上每个国家对于自己研制的军用飞机的命名方法不一样，都有自己的命名规则。

　　如美国军用飞机的编号可代表美军飞机的机种、序列、型号等。其中，机种代号使用大写英文字母，表示飞机用途，如：A- 攻击机、B- 轰炸机、C- 运输机、E- 预警机、F- 战斗机、K- 加油机、X- 试验机等；序列代号使用阿拉伯数字表示，按设计时间先后编号，序列代号后为飞机改型代号，使用英文字母。以 F-117A 为例："F"代表战斗机，为机种代号；"117"为序列代号，表明设计时间；"A"为型号，表明这种飞机是除原型、实验等型号之外的第一型。

下面我们就来看看中国军用飞机的命名是怎样的。

1964 年以前，我国军用飞机研制或试制时期的编号由两部分组成：前一部分是型号名称，后一部分是代号。例如：东风 101 是中国试制的第一种歼击机（歼 -5 原型机），东风是型号，表示歼击机，101 是代号，第一位 1 是飞机类别号，表示歼击机，后两位是设计序号，由 01、02 按顺序编起。

1964 年至 1987 年，这一阶段军用飞机采用以飞机用途分类命名的编号体系，飞机编号由飞机型别代号、改型代号、改进代号和飞机设计序号组成。例如：歼击 6 型歼击机（简称歼 -6），夜间型叫歼 -6 甲，改进性能型叫歼 - 6 I，改型成教练机的叫歼教 -6，改型成侦察机的叫歼侦 - 6，出口的歼 6 叫 F-6，出口的歼教 6 叫 FT-6，出口的强 5 III 叫 A-5C。

1987 年以后，编号沿用了上一阶段的编号方法，飞机型别代号和改型代号合并为一，并进行了扩充，使之更加完善。例如：运 8（Y8）运输机的全气密改型编号是运 8C（Y8C），若改型为电子对抗机则编号就成了运电 8C（YD8C）。个别飞机还有绰号，如歼 -8 Ⅱ被称作"空中美男子"，歼 -12 被称作"空中李向阳"，运 7 被称作"英俊少年"，但这些都不是正式的称呼，第一个正式的军机绰号是歼轰 -7 的"飞豹"，以后还有 FC-1 的"枭龙"等，战斗机命名走动物系列，这些猛兽的名称更能形象地体现出战斗机的优良性能。

总之，中国军用飞机的命名使用代号，代号由机种代号、序列代号、改型代号组成。机种代号用机种词头的 1～2 个汉字表示，序列代号用数码表示，改型代号一般用甲、乙、丙、丁或Ⅰ、Ⅱ、Ⅲ等表示。这样一来，中国军用飞机的编号便和我们的名字一样简洁、清楚、好记。

小问题：

现在我们知道了我国军用飞机是怎样命名的。那么，在这些不同的飞机里，你听说过哪些呢？请简要介绍你对它们的了解。

小问题：

美国军方规定不使用"I""O"两个字母给飞机命名，你知道为什么吗？

28. 战斗机机头前为什么会有一根细管?

在战斗机的机头上常会有一根方向朝着正前方的细长的管子,这个突出的"刺"实际上叫做飞机的空速管,它主要是用来测量飞机飞行速度的。空速管是飞机上必需的设备,像我国的歼-8、飞豹、歼-10等飞机前面都有向前伸出来的"管子"。

空速管由一个圆管组成,在正前方开有小孔,在管的四周也开有很多小孔。当飞机向前飞行时,前方空气流到正对面的小孔时受到阻滞,速度降为零,这里感受的是气流的全压,四周的小孔感受到的是空气静止时的

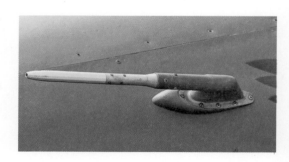

压力（叫做静压），全压与静压之差就是动压，飞机速度就取决于动压的大小，飞机飞得越快，动压也越大。这样通过空速管获得动压，我们也就间接知道飞机飞得多快了。

总之，空速管是飞机上极为重要的测量工具。一旦小孔堵塞，飞行速度的测量就不准确，可能会带来危险。所以每次飞行前都要对空速管的探头和静压孔进行认真检查，防止因为结冰、灰尘等因素堵塞空速管。飞行结束后，对于不是经常用的飞机还要用皮托管外套罩住，平时机务人员也要细心地做好维护工作，才能保障每次任务的飞行安全。

小问题：

为什么有的战斗机看不见前面长长的管子，像 F15 或 F22 机头处就没有细管?是没有空速管吗?

29. 为什么预警机要背着一个大圆盘?

我们在雨后的草地上经常会看到蜗牛背着"房子"在慢悠悠地爬行,这座房子是蜗牛的外壳,可以保护它的身体不受伤害。细心的同学应该会发现空中预警机的外表也与众不同,跟蜗牛一样它的背上也背有一个像蘑菇一样的大圆盘。这个奇怪的大圆盘到底是什么东西,又有什么作用呢?

大家都知道架设在地面的雷达吧,它向周围发射强大的电磁波,通过反射波就会探测到物体的存在。同样预警机也用雷达探测目标的存在,从而完成它的预警任务,预警飞机背上的大圆盘其实就是雷达的"保护伞"。

在早期,人们为了使雷达能在较远的距离上发现敌机或导弹,往往把雷达天线放置得很高。然而,无论怎样架设,天线也只能达到几百最多上千米的高度,并且很难在更高的高度上长期工作。于是,人们就把雷达搬上飞机,而且只有把雷达装在机背上,才能尽量减少雷达的扫描盲角——从上往下看,低空入侵目标就会一览无余,无论是什么物体,都会立刻现出原形。飞机飞行时的机外环境可能非常复杂,为防止外部大风、雨雪、尘埃等对雷达部件造成损坏,就需要为它加装一个保护罩,这就是我们看到的机背上的大圆盘。

早期的大圆盘是固定的,现在大部分是能旋转的。固定的天线罩,天线在罩内转动进行搜索而天线罩不动;旋转天线罩,天线随着天线罩一起转动进行搜索的,其转速可达每分钟 6 转。

不是所有的预警机雷达罩都是大圆盘，还有"平衡木"式的，例如瑞典S－100预警机。由于这种雷达天线保护罩从外形上看颇似女子体操器械中的平衡木，所以外界干脆就以"平衡木"作为这种机载相控阵预警雷达的昵称。我国的空警—200也采用"平衡木"雷达罩。还有一种雷达罩是圆球形的，装在机头的前面，像一个大大的鼻子。

预警机的作战任务就是把一部雷达背上天，高高在上地观察整个战场，更好地指挥空战。其中，雷达又是最能反映一架预警机好坏的机载设备，因此保护雷达的雷达罩就有着举足轻重的作用。

小问题：

预警机天天背着这样一个又大又重的圆盘，会不会增加飞机飞行的阻力呢？

30. 飞行员为什么会出现黑视？

当你长时间蹲在地上玩耍时，有没有出现过突然站起来眼前一黑、头晕眼花、什么也看不见的情况？这是由于人的体位突然改变，脑部供血不足引起的低血压所致。飞行员在开飞机时，如果出现这种情况就太危险了。

实际飞行中，飞行员经常会做一些机动动作，如当快速拉杆时，机头上仰，飞机迅速向上爬升，过载逐渐增大（此时的过载为正过载），飞行员头部的血液受惯性力作用而向下身流动，头部血压下降，造成脑部缺血，飞行员发生视觉模糊。若过载继续增大，则周边视觉消失，视野缩小，发生灰视。过载若再继续增大，则中心视觉消失，两眼发黑，甚至什么也看不见，这就是"黑视"。

小问题：

查资料，什么是飞机的过载？

当过载结束一段时间后，飞行员的视力才会恢复正常。

黑视是晕厥的先兆，对飞行安全危害较大。如果过载过大，飞行员的眼球甚至会被拉出眼框、或者造成短暂失忆、脑出血、昏厥，致使飞行员失能，最终酿成机毁人亡的惨祸。飞机过载是严重威胁飞行安全的因素之一。

据统计，引起黑视的过载，最低值是 $2.9g$（$1g$ 是指 1 倍的重力加速度，近似标准值通常取 9.8 米每平方秒，最高值达 $9.1g$，大多数人在 $5g$ 左右。

按照要求，飞行员飞行时必须穿抗荷服。当飞机过载超过一定值时，由发动机压气机或其他气源引出气体，向抗荷服的气囊充气。抗荷服充气后可以把裤子下面外表面压力增大，相当于把血液向上挤，这种方法可以帮助提高 $2{\sim}2.5g$ 的抗荷能力。

小问题：
想一想你在什么情况下出现过黑视？

31. 飞行员为什么会出现红视?

与出现黑视相反,当飞机快速向下俯冲时,惯性力把血液从足部推向头部,使头部血压升高,飞行员会感觉戴上了一幅红色眼镜,周围成了一片红色世界,即使飞机恢复正常飞行状态后,飞行员仍会感到刺痛、脸胀,睁不开眼。

在过载达到 $3g$ 时（此时的过载为负过载）,就可能出现"红视",红视比黑视更危险,常人一般只能忍受5秒钟左右的 $-3g$ 过载。过载达到 $-4g$ 时,人的头部青筋暴起,看东西会出现重影,甚至什么也看不见。过载达到 $-4.5g$ 时,就可能产生精神错乱,甚至昏迷。

舰载机着舰时在钩住阻拦索的瞬间,飞行员会承受巨大的载荷。飞机突然减速,由于惯性的作用,血液加速向飞行员头部涌去,飞行员可能会出现红视,感觉甲板一片血色。但一般飞行中剧烈的负加速过载比较少,因此,红视并不多见。

为了保障飞机安全,要求飞行员要有很好的身体素质。飞行员通过加强体能素质和进行特殊的训练,可以提高自己的抗过载能力。

小问题:

你做过过山车吗,调查一下乘坐过山车会不会出现红视?

32. 飞机真的能隐身吗?

相信看过哈利波特的同学应该非常熟悉下面的画面,没错,这就是哈利第一次穿上隐身衣的场景。你再仔细观察一下图中的枯树叶,你能发现有什么秘密吗?是的,在树叶当中藏着一只撒旦叶尾壁虎!

隐身被大家所向往,我们希望自己也能有一件隐身衣或者具有隐身的能力。我们也经常听别人说起隐身飞机,隐身飞机是怎么隐形的?是把飞机涂上环境色让人看不到吗?当然不是。隐身飞机是指通过降低飞机的光、电、声等可探测特征,使雷达和红外等防空探测设备不能够早期发现的一类飞机,并非是指普通意义上人的肉眼看到的飞机。

隐身飞机最主要的隐身特性是雷达隐身和红外隐身。

对雷达隐身的飞机,要尽量减

小飞机的雷达散射面积（雷达散射面积是度量目标在雷达波照射下所产生回波强度的一种物理量，简称RCS），RCS越小，飞机越难被雷达探测到。雷达隐身的主要措施是设计合理的飞机外型、使用吸波材料和使雷达波对消技术等。如在海湾战争中发挥重要的F-117A隐形战斗机外形就采用了多面体技术，其古怪的外形能很好地实现雷达波的散射和对消功能。

B-2飞机是美国的隐形战略轰炸机，其RCS值不到0.1平方米，仅仅相当于天空中一只飞鸟的雷达散射面积，因此一般雷达很难发现它。B-2飞机的表面涂覆了一层非常昂贵的吸波材料，其发动机进气口被放置到了机翼上方，呈S状，可让入射进来的探测雷达波经多次折射后，自然衰减，无法反射回去。发动机的尾喷口则深置于机翼之内，成蜂巢状，使雷达波能进不能出。此外，由于采用了喷口温度调节技术，尾喷口处的红外辐射信号大大减少，飞机的隐身性能大大提高。

红外隐身主要是对飞机上容易产生红外辐射的部位采取隔热、降温等措施。例如，SR-71黑鸟飞机就采用闭合回路冷却系统，把机身的热传给燃油，或把热在大气不能充分传导的频率下散发掉。对于飞机发动机喷口、排气气流等主要热辐射源，可以通过引入冷空气有效降低喷气口温度，并将喷口设计成椭圆形或矩形，增加排气流的截面积或周界，同时发动机外壳和机匣等采用蜂窝状结构，可使红外辐射降低90%左右，噪声也大为减小，达到不见其身、不闻其声的目的。

小问题：
　　飞机可不可以像哈利波特和变色龙那样做到视觉隐身呢？

33. 飞机能倒着往后飞吗？

　　每天都会看到很多小鸟欢快地飞过我们头顶，但是你见过可以倒着飞的鸟吗？有一种鸟叫蜂鸟，是世界上唯一可以倒着飞的鸟，她不但可以往前飞，还可以往与头部相反的方向飞，而且也可以在空中悬停以及向左和向右飞行，蜂鸟可以称得上是世界上最神奇的鸟儿之一。

　　那么，飞机可以倒着飞吗？

　　飞机从前往后倒着飞并不是那么容易的事。因为一般的飞机在设计时，其机翼和动力装置都是在飞机向前飞行时可以产生稳定的、能够克服飞机本身重量的升力，如果飞机向后飞，气流沿机翼的流动状态完全被破坏，就不能产生足够的升力了。目前只有个别垂直起降的飞机可以进行短时间和缓慢的倒飞，而此时产生升力的不是机翼，而是垂直起降飞机在垂直方向发动机的动

力。如英国的"鹞"式飞机，其发动机的可转动喷口可以向下及向前转动90度以上，此时，飞机就可以缓慢"后退"了。

　　直升机的升力是由旋翼产生的，其飞行方向要比飞机灵活得多，只要飞行员控制旋翼向相应的方向倾斜，就可以实现前飞、后飞、左飞、右飞以及悬停等动作。直升机倒飞时，出于安全考虑，必须先处于悬停状态，再缓速倒飞。

小问题：
　　现在有人在研究智能变形机翼，你认为有没有可能通过机翼的变形和发动机反推力来使飞机倒飞？

34. 飞机能 "仰面朝天" 飞吗?

飞机作为人类 20 世纪最伟大的发明之一，不但可以按正常方向飞行，还可以 "仰面朝天" 地机头朝下倒着飞。如欧洲的 "百年灵" 空中漫步特技飞行队在航展时进行的倒飞特技表演是世界上最为惊险的飞行表演项目，其表演过程惊险异常，使人叹为观止。

战斗机在做筋斗机动飞行时，当飞机在垂直平面内跃升到最高点时也会有机头朝下的倒飞动作。倒飞时飞行员要小心，发动机不能熄火，飞机倒飞时发动机供油需要靠倒飞邮箱供油。其它类型的飞机，如民用飞机、运输机、轰炸机等，一般不设计倒飞油箱，因此不能进行倒飞。

小问题:

"百年灵" 空中表演倒飞时，演员头朝下为什么不会掉下来?

93

另外，直升机也可以做短暂的头朝下倒飞，如在做筋斗飞行时，直升机整体倒转，旋翼朝下，但这个动作危险性较大，要求飞行员有很高的驾驶技术。

筋斗动作对直升机来说是一个非常难做的动作，世界上只有少数几种直升机能完成。筋斗动作最难的地方在于最高点时直升机"头下脚上"，此时旋翼已无法提供升力，飞行员必须在极短时间内根据自己的空间定位能力和仪表盘的指示，准确判断直升机状态，及时掉转机身向原方向俯冲，如果在最高点时决策稍有失误，直升机将如同一块铁锭一样垂直坠落。

小问题：

查找资料，看看飞机除了倒飞以外还有什么高难度特技？

35. 直升机最多有多少旋翼？

大家小时候都玩过竹蜻蜓吧，两手搓动竹蜻蜓旋转，然后松开，竹蜻蜓就会飞起来。竹蜻蜓可以说就是直升机的祖先。在直升机的机身上方有一个大大的"竹蜻蜓"，我们把它叫做直升机的旋翼，直升机的升力和前进动力完全来自于旋翼。那么你知道直升机有多少个旋翼吗？

直升机可以有一个或多个旋翼。只有一个旋翼的直升机叫做单旋翼直升机。例如，欧洲直升机公司制造的 EC-135 直升机。直升机飞行的升力完全由旋转着的水平旋翼产生，这样就会给直升机带来一个缺点，容易打转。所以它必须带一个尾桨，负责抵消旋翼产生的反作用力矩，保持飞行的稳定。

具有两个旋翼的直升机被称为双旋翼直升机。有的两个旋翼沿机体纵轴方向前后排列，旋转方向相反，例如，美国波音公司制造的 CH-47 "支努干"运输直升机。而有的两个旋翼沿机体横轴方向左右排列，旋翼轴向间隔较远，旋转方向相反，比如，前苏联的 Mi-12 直升机。还有一种双旋翼飞机两个旋翼沿机体立轴上下排列，互成反向旋转，例如，前苏联的卡-50 武装直升机。

此外，还有四个旋翼的四旋翼直升机。四个旋翼，分为两对，分别以正螺旋和反螺旋方向旋转。我国最新研制的"蓝鲸"就是四旋翼直升机，是一种中型运输机，主要用于快速运送人员、装备，在缉毒和反恐怖行动中作用突出。

在一些实验室中，我们还会见到六旋翼、八旋翼甚至十二旋翼的飞行器。随着科技的发展，对于多旋翼飞行器的研发也在如火如荼的进行中，在不久的将来，可能会出现更多旋翼的直升机。

小问题：
现在我们知道了直升机旋翼的分类。那么，是不是飞机的旋翼越多越好呢？

小问题：
直升机可以在空中悬停，飞机可以吗？